假如动物会说话

I'M AN EXPERT IN LEARNING

我是学习小能手

高霞/著 小乖/绘

北京理工大学出版社
BEIJING INSTITUTE OF TECHNOLOGY PRESS

目 录/CONTENTS

第一章

长得飞快的小长颈鹿

我是世界上最高的陆地动物，站立时有 8 米高。我的脖子特别长，脖子也叫"颈"，所以大家都叫我长颈鹿。

我的家在非洲稀树草原地带，头部具有坚硬的角状头盖骨。我皮肤上的花斑网纹是一种天然的保护色。树叶、小树枝是我最爱吃的食物，我的舌头又长又灵巧，很容易就能取下新鲜的树叶和嫩嫩的树枝。

我还有一项很强大的本领呢！那就是我成长的速度特别快！出生后 20 分钟能站立，几个小时后能奔跑。但是，刚出生这两周我们会在

giraffe

妈妈身边安静地休息，因为这个时候我们的力量还不够强大，妈妈会保护我们不受狮子、豹和鬣狗的攻击。

入睡时我需要躺下休息，但是，这样的话我从地上站起来要花费整整 1 分钟的时间，如果这时遇到袭击，那可就危险啦！所以，爸爸妈妈教给我一种特别科学的睡觉姿势，那就是在趴着睡觉时，两条前腿和一条后腿弯曲在肚子下，另一条后腿伸展在一边，长长的脖子呈弓形弯向后面，把带茸角的脑袋送到伸展着的那条后腿旁，下颔贴着小腿。这种科学的睡姿，既能缩小目标，又能让我在危急关头一跃而起，逃之夭夭。

爸爸妈妈从我出生起，就以身作则地教导我对人要彬彬有礼，友爱互助，不要因为一点小事就发脾气、吵架或者顶撞长辈。我们经常头颈相交、用长长的腿触碰对方，这对我们长颈鹿来说是非常重要的事情，因为这样既能表达感情，又能让大家心里很温暖。

第二章

金丝猴学爬树

嗨！我是来自高山密林的芒克。我有着天蓝色的面孔，嘴大而突出，鼻孔仰面朝天，修长的身体上长着柔软的金色长毛，披散下来就像一件金黄色的"披风"。如此耀眼夺目的外衣使我得到了"金丝猴"的美名。

在我吃奶的时候，妈妈无微不至地关心和照顾我，她总是把我紧紧地抱在胸前，或是抓住我的尾巴。小心谨慎的妈妈不放心粗心大意的爸爸，丝毫不给爸爸抚爱我的机会。爸爸即使再讨好妈妈，也别想碰我一下，更别提抱抱我、亲亲我了。

对了，大家一定觉得金丝猴是天生的爬树高手吧，其实，我们不是天生就会爬树的，对于小猴来说，爬树是件非常难的事情。

小时候我怕辛苦，特别不愿意爬树。有一天，

golden monkey

妈妈带我去摘桃子，她背着我爬到树上，让我在树上等她，因为她要去旁边给我摘最大最甜的桃子。我爽快地从妈妈背上爬了下来。可是，妈妈却从树上跳了下来，鼓励我说："芒克，要想吃到最大最甜的桃子，就要学会自己爬下来！"无论我怎么哭闹，妈妈都坚持让我自己从树上爬下来。后来，我只有擦去眼泪，跌跌撞撞地从树上爬下了来，就这样，我学会了爬树。

我们一家人相互关照，一起觅食、一起玩耍休息。可是，等我长大了，爸爸就会把我赶出家门，让我自己到野外独立生活。对这个我也没有什么意见，因为我觉得男孩子就应该自己去外面闯荡，经受过风雨的历练，以后才能保护好自己的家，成为像爸爸那样的男子汉。

第三章

善于模仿的黑猩猩

我是跟人类血缘关系最近的高级灵长类动物——黑猩猩，也是除人类之外最聪明的生物。我的四肢修长，能以半直立的方式行走。手足都可以握住东西，手指也很灵巧。如果你递给我香蕉，我会剥开香蕉吃，如果你递给我口红，我还会模仿你的样子，对镜涂口红呢！

有很长一段时间，人们都以为我是只吃水果的素食动物，其实我什么都吃，还会利用不同的方法和工具来获取不同的食物，你看，我们经常光顾两种白蚁穴，针对两种蚁穴，我可以灵活使用不同的工具"猎取"白蚁。对于白蚁堆，我先用一根短小的木棍插进洞穴，再换成"钓棍"，白蚁就会爬到上面；而在对付地下

蚁穴时，我会使用比较长的"穿孔棍"用力将它伸进穴中再使用"钓棍"。我的妈妈还教我把木棍放在嘴里，用牙齿将它的末端咬碎，使得木棍如同一把刷子，能"钓"到更多白蚁。

我很小就学会了自己给自己治病，因为要生存，就必须学会自己照顾自己，小时候，我吃了不卫生的食物得了疟疾，妈妈教我把"金鸡纳霜"叶子混合沙子一起吃，这样做抗疟疾的效果非常好，很快我的肚子就不疼了呢。

我和人类一样，喜欢看电视，看电视的时候会很开心。也像人类一样会哭会笑会生气，可是，我始终没有学会用人类的语言说话。人类科学家研究发现：能否讲话的关键在于神经系统对气流的控制，人类能控制气流，而我们却没这能力，这就揭开了我们黑猩猩学不会说话之谜。

chimpanzee

第四章

掘土高手小鼹鼠

圆鼓鼓的身上长满了细密光滑的茸毛，脚掌外翻，尖利的爪子形状像铲子，是天生的掘土专家。又黑又圆的眼睛掩藏在黑褐色的毛中，白白的门牙露在外面。嘿嘿，没错，我就是小鼹鼠木乐，是个帅气的小伙子！

我住在土穴里，能在地表下面自由地奔来奔去。我会在地表下挖出一条四通八达的坑道，同时将土拱成一条田垄，并把坑道不断修整和延长。泥土被堆放在外面，形成鼹鼠丘，这些可都是技术活。

我的视力很差，不习惯阳光照射，一旦长时间接触阳光，很可能会有生命危险。从小妈妈就告诫我不能随便跑到外面玩，出去觅食中午前一定要回家。

有一次，我偷偷钻出洞穴，啊！外边有温柔的阳

mole

光，有小鸟儿，有各种各样的小虫子。看着这一切，我快乐地奔跑着，忘记了时间。中午，太阳照到头顶了，温柔的阳光逐渐变得火辣辣的，我感觉自己的头越来越疼，眼睛也开始刺痛，视线变得模糊不清。我难受得满地打滚，幸好，我滚到了一个地洞里。阴暗潮湿的洞穴缓解了我的不适，但我还是浑身没劲，动弹不得。到了晚上，我听到了妈妈焦急的呼喊："木乐，木乐，你在哪里？"我委屈地应了一声："妈妈，我在这儿呢！"妈妈听到我的声音，飞快地跑过来把我，搂在怀里说："木乐，妈妈可找到你了！"我得救了。有了这次教训，我再也不敢独自乱跑了。

第五章

爱吃坚果的小松鼠

我是一只小松鼠，出生一个月后我会睁开眼睛；到一个半月时，我会到外面活动。我和我的伙伴们生活在大森林里，喜欢在树上自由自在地玩耍、跳跃，所以，我总是把家安置在树枝上或者树洞里。我的体型娇小，最显著的特征就是漂亮的、蓬松的长尾巴。我的尾巴可不只是看着漂亮，它在我奔跑和跳跃的时候，能帮助我保持平衡，在天气特别寒冷的时候，我还可以抱着它取暖呢。

我身手敏捷，可以飞快地爬到很高很高的树上找果子吃。我最喜欢吃坚果了，比如松子、栗子、榛子。采松子是我的拿手好戏，无论树长得多高，果子长在何处，我都能手到擒来。

我先将成熟的果子从树上咬断落地，再从树上跳下来，用两个前爪剥开坚果的鳞片，用坚硬的牙齿咬碎坚果外面的种皮，再取出里面的种子，也就是松仁。哈哈，这时，我就可以尽享新鲜松仁的美妙滋味啦！

squirrel

其实，我还是一个收藏家，秋天一到我就会奔来跑去，用嘴含着松子运送到安全的地下储藏起来。到了冬天，大地被积雪覆盖，但我却能轻松地找到储存食物的地方。为了保险起见，我会将松子几粒或十几粒一堆，分别放到好几处贮存；为了不让果子变质霉烂，我也会将潮湿的果子放在树上晒干了再贮存。我贮存食物，是为了在冬天来临的时候，仍然能有吃的。有了这些本领，不论春夏秋冬，我都能过上丰衣足食的日子！

第六章

浑身硬刺的刺猬

大家好，我是小刺猬，我的脸上长满了短短的茸毛，透过茸毛可以看见我忽闪忽闪的眼睛。我的鼻子非常长，这让我拥有发达的触觉和嗅觉。除了软绵绵的肚皮上长着柔软的茸毛，我浑身都长有硬刺，遇到危险，我会蜷缩成一团，把头、四肢和短小的尾巴都藏在棘刺里，让敌人无计可施。不过，我并不喜欢自己的硬刺，因为浑身硬刺看起来很不友善，森林里的小伙伴都不敢靠近我。

我的嘴有点尖，耳朵小，四肢短，尾巴短；我有40枚尖锐的牙齿，特别适合吃小虫子，一晚上就能吃掉200克的虫子，不过，我最喜爱的食物还是蚂蚁和白蚁。

有一天，我外出寻找美食。非常幸运，我闻到地下一处有"食物"的气味。我用爪子挖呀挖，洞口露出来了！我把舌头伸进洞里一转，哈哈，果然获得了一顿丰盛的蚂蚁大餐。可是，就当我肚子饱饱，心满意足的时候，一只狡猾的狐狸向我扑了过来，一瞬间吓得我不知道该如何是好！突然想起了爸爸告诉过我，怎样靠硬刺保护自己。关键时刻，我照着爸爸教我的法子，竖起全身的硬刺，蜷缩成刺球。果然，这个求生法则非常有用，狐狸对着蜷缩成一团、浑身是刺的我左看看右看看，刚用爪子碰到我，就被我的硬刺扎得直叫唤，无计可施的狐狸败兴而归。

曾经不喜欢的刺救了我一命，于是，我改掉了对硬刺的偏见，渐渐地喜欢上了它们！

hedgehog

第七章

爱唱歌的百灵鸟

我是百灵鸟，是来自草原的歌手兼舞蹈家。栗红色的额头是雄性百灵鸟的特点。我的嘴细小而呈圆锥状，鼻孔上有悬羽掩盖。

我们百灵鸟对食物要求不高，春天、夏天和秋天，吃一些幼嫩的小草芽和昆虫；到了冬天，地表被漫天大雪覆盖，就吃一些草籽和谷类来填饱肚子，运气好的时候还能意外地得到一些昆虫和虫卵。

我最喜欢在一望无际的大草原上，在蓝天白云之下翩翩起舞，纵声歌唱。由于我飞得很高，人们往往只能听到我的歌声，却找不到我的踪影。

其实，我的歌唱本领并不是与生俱来的。小时候，我跟妈妈学习发音，总是不太专心，学一会儿就飞出

lark

去玩了。等到草原音乐会，我自告奋勇地上前歌唱，大家听了摇头说："这真的是百灵鸟的歌声吗？一定是乌鸦冒充的吧？"听众们纷纷走开了，不愿意再听我唱歌。我羞愧地哭了起来。妈妈飞过来，用翅膀拍了拍我的背，鼓励我说："台上一分钟，台下十年功。要想唱好，必须要勤学苦练。"

经过一个月的努力，妈妈终于允许我再次表演了。可是，大家一看到是我要唱歌，都议论纷纷。我鼓起勇气，闭上眼睛大声地唱了起来，唱完后，一睁开眼睛，发现大家静悄悄地，过了一会儿才一起鼓起掌来，还热情地说："小百灵鸟，再来一个，再来一个！"我高兴得脸都红了，从此以后，越发爱给大家歌唱了。

第八章

对付敌人，我有妙招

我是一只帅气的小壁虎，我有一双圆溜溜的眼睛，尖尖的脑袋，还拖着一条长长的尾巴，皮肤是土黄色的。平时我习惯用四只爪子紧紧地抓住墙壁，仰着头，身子一动不动。妈妈告诉我，很少有动物能够像我们一样，爬在垂直于地面的墙上。之所以拥有这个能力，是因为我的脚趾长而平，趾上肉垫覆有小盘，盘上有许多毛状的"小钩"，这些肉眼看不到的钩，能让我黏附于光滑的平面上。

有一天中午，妈妈急匆匆地回到家，我欢快地扑了过去，却发现妈妈的尾巴不见了。天啊！我"哇"的一声哭了起来，觉得失去尾巴的妈妈真是太可怜了！没想到妈妈慈祥地看着我说："傻孩子，别担心，妈妈的尾巴很快就会长出来，而且，妈妈也要教给你断掉尾巴逃生的本领呢！"我半信半疑地点点头。没想到，

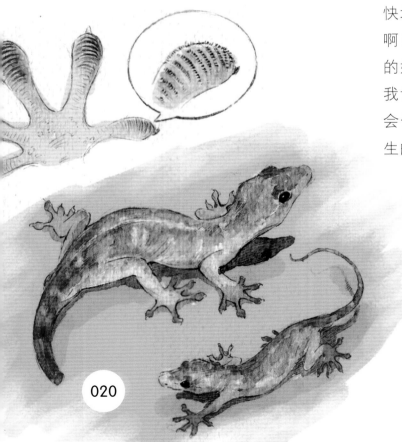

过了两周，妈妈的尾巴真的长出来了，真神奇！

我的尾巴也能自己断掉，再自己长出来吗？不久，验证这一奇迹的一天来到了！

那是一个风平浪静的下午，我正在花园里玩耍，一只大花猫突然向我扑了过来。那一刻，我没有慌张。为了转移大花猫的注意力，我按妈妈教的方法用力地抖动尾巴，强烈地收缩尾部肌肉，让我的尾巴断落。掉下来的一段尾巴，由于里面有神经，还在跳动。趁大花猫对跳动的断尾感兴趣的时候，我赶紧跑回了家。不久我的尾巴果然也长出来了。人类的动物学家们把我的这种行为叫作"自切"。

gecko

第九章

需要人类保护的麋鹿

　　我是样子有一点特殊的麋鹿，头和脸像马、角像鹿、颈像骆驼，尾像驴，因此大家也叫我"四不像"，虽然我不太喜欢这个名字，可是也因为长得很有"个性"而被列为世界珍稀动物，受到了人类的保护，这也算是因祸得福吧。

　　我的家乡在中国长江中下游沼泽地带，喜欢热热闹闹的群居生活。我特别喜欢游泳，是天生的游泳健将。苔类、嫩嫩的青草和水草是我最喜欢吃的食物。

　　我们麋鹿性格温和又有点胆小，在有人靠近我们的时候会远远地跑开。性格温和的妈妈教导我要与人为善，遇到危险可以用吼叫和追逐奔跑来吓走敌人。可是，人善被人欺，鹿善也一样被人欺，防身本领不够导致了我们非常容易被其他凶猛的动物追逐，也会遭到一些人类的捕杀。

由于自然环境的变迁和不善于保护自己，我们麋鹿家族的成员不断地减少。幸好，大多数人类是我们的朋友，通过他们的"助养"，我们麋鹿家族在中国建立了麋鹿的自然种群。我们会吃到人类专门为我们准备的美味的"营养套餐"，"细粮"包括小麦麸、大麦、玉米、豆饼；"粗粮"是大豆秸秆。还有鲜嫩、可口的胡萝卜等"水果蔬菜"来补充维生素。虽然在人类的照顾下我们得以生存。但是，要把命运掌握在自己的手里，我们麋鹿还是要多多努力，学会靠自己的力量生存才行呀。

elk

025

第十章

爱学习的灰熊

我是一头生活在丛林中，喜欢嬉水，有"大力士"之称的灰熊。我身上的长毛厚而杂乱，看上去有点不修边幅。

我们灰熊在美味的鲑鱼产卵的时候，会聚集在溪流旁。妈妈在湍急的溪水中捉起一条活蹦乱跳的鲑鱼，我们马上挤过去抢着吃起来，味道真是太鲜美啦！

一两岁以后我可就独立了，所以，在这之前，我就得学会所有生存的本领。我要学会防卫和进攻，还要学会自己寻觅和保护食物。我们灰熊一生的主要目的就是获得食物。其实我们不挑食的，既吃青草、嫩枝芽、苔藓、浆果和坚果，也到溪边捕捉蛙、蟹和鱼，掘食鼠类，掏取鸟卵，更喜欢舔食蚂蚁，盗取蜂蜜。

bear

任何人都不要试图和我们灰熊争夺即将到口的美味。经验告诉我们，人类狩猎的枪声就好像是晚餐开始的铃声。这种时候我会在旁边守株待兔，只要被打倒的是一只麋鹿或是更大的猎物，它就会变成我的囊中物。狩猎者可不要试图带走猎物的尸体，因为我会藏在附近的一个不远的位置守护我的"大餐"。

作为"大力士"，我一掌可以打死一头强壮的美洲赤鹿，是所有熊类中最具攻击性的。但我的内心其实很单纯，做事也有一定的原则，我不会无缘无故地进攻人类和其他动物。碰到人类，我总是会匆匆逃走，只有在非常饥饿，或者有人靠近我的孩子、食物以及领土的时候，我才会不顾一切地主动出击。

第十一章

聪明能干，本领多多的狗

我是人类的朋友——好狗道格。虽然邻居小猫凯特也是人类的好朋友，但是和我比起来，我更忠诚、更能干。我最喜欢的游戏是追逐奔跑的凯特，因为这是我们狗的本能。让我们不去追逐从眼前跑过去的小东西，简直不可能。当然了，如果凯特为了保卫自己向我们宣战，这种情况下，我可能就要琢磨琢磨，因为和一个气头上的家伙打架可不是明智之举。

我的嗅觉和听觉特别灵敏。即使睡觉我也保持着高度的警觉性，对1公里以内的声音都能分辨清楚。所以，我的朋友们，轻声细语的说话我就能听得到，没有必要对我大声叫喊，过高的声音对我来说是一种刺激，

会让我痛苦或恐慌。

在我出生 70 天后，就可以接受特殊训练了。首先，是固定睡觉和排便地方；其次，是服从命令的能力，例如坐下、躺下、站起来、握手，等等。只要您耐心地告诉我几次哪些事情"该做"，哪些事情"不该做"，我一定会牢牢地记在心里。

对于曾经亲密相处的人或事，我永远也不会忘记他的声音和气味，自己住过的地方，即使离开很远也能记得回去的路。其实这跟我的生活习惯是分不开的，平时，我就喜欢用鼻子闻东西。比如闻食物、粪便、尿液，等等。我在外出漫游时，会不断地小便或蹲下大便，把粪便沿途布撒。这可不是我不讲卫生，而是我们狗狗家族要依靠这些"臭味标志"才能准确找到回家的路。

第十二章

善解人意的小猫

　　我叫凯特，是一只相貌可爱，举止优雅，聪明伶俐的猫咪。我刚出生的时候眼睛睁不开，耳朵向后翻，既听不见也看不见，所有的事情都依赖自己的妈妈。等到满月的时候，我才开始到外面走动。

　　我喜欢睡懒觉，爱吃鱼、虾、动物肝脏和老鼠，但是，我之所以喜爱吃鱼和老鼠，并不全是因为我贪吃，而是生存的需要。因为我是夜行动物，为了在夜间能看清事物，需要大量的牛磺酸，老鼠和鱼的体内含有丰富的牛磺酸，这才是我对它们情有独钟的原因。

　　说到我的优点，那就是天资聪颖，温文尔雅，反应灵敏，善解人意，平易近人，聪明好学……哦，天哪！这些可别传到我的老邻居道格（狗）那里，他可是一个嫉妒好斗的家伙！

kitten

我有很强的学习和记忆能力，还能"举一反三"。我能学着主人的样子自己打开水龙头喝水，喝完再给关上；我能推算出主人什么时候给我喂食。总之，老邻居道格能做到的事情，什么后肢站立、叼回抛出的物体，其实我也能做到。

但是，你知道为什么杂技表演总是狗唱主角，甚至凶猛的老虎、狮子，笨拙的大象、熊猫都能登台，而唯独没有我的闪亮登场呢？这是因为我性格倔强，独立性、自尊心很强，不屈服于主人的权威，对主人的命令也不盲从。要想得到我的信任和友谊，必须要有耐心，态度要温和，强制手段是行不通的。因此和我相处，主人的"民主精神"必不可少。如果将我惹恼，我可是会离家出走的哦。

第十三章

站着睡觉的马

我是豪斯，一匹相貌英俊的小马。我的四肢修长，骨骼坚实，肌肉匀称，蹄质坚硬，胸廓深广，心肺发达，能在坚硬的地面上迅速奔驰。

广袤的草原上，到处都是我爱吃的青草，根本不用为食物发愁。我随时可以休息，随时可以奔跑。我一天可能会睡上八九次，加起来差不多有六个小时。而且我们睡觉的方式也有很多种，不论是躺着、卧着，甚至是站着我们都可以睡觉。这么多睡法，还睡这么多次，可不是因为我们贪睡，而是我们在利用有限的时间进行休息以便有充沛的精力来工作。

从小，我就努力模仿爸爸妈妈活动的样子，很快就学会了奔跑。爸爸妈妈也会不断地鼓励、纠正我，让我跑得更快更稳。夜晚的时候，我能听到远处的声音，并能对声音做出判断。因此，如果您晚上迷路

了，一定要相信我，让我来给您领路。我的嗅觉也很灵敏，近距离的陌生的动物，我会主动接近，扇动鼻翼，吸入更多的新气味信息，加强对新事物的印象和认识，然后再决定对这个陌生的动物是要进行躲避还是靠近。

我对人的态度好恶分明，可不是什么人的命令我都服从。要做我的朋友，你必须聪明、勇敢和友善，缺一不可。首先你必须能够驾驭我，而在这个过程中，仅靠勇敢是不够的；还要有技艺，要向我展示你的智慧，然后是你的抚爱和关心。如果你赢得了我的友谊，我就会一生追随，忠诚不二，做你永远的朋友。

第十四章

飞奔的野兔

　　我是野兔哈瑞。我的毛是比较暗的灰褐色，这更有利于我在丛林中隐藏。在我不动的时候，毛色与周围杂草混在一起，即使人走近一米以内也不易察觉。别看我胆子小，但是我身手敏捷，跑起来非常的快，每小时达 70 到 80 公里，人类常常用"动如脱兔"来形容动作的迅捷。

　　我喜欢栖息在低矮干燥的灌木丛中。我每两天吃一次饭，在深夜或凌晨，我会从山林顺着小路跑到山脚的果园，然后在路边进食。对了，我全身都没有脂肪，是动物界的健美冠军！节食加运动，就是我保持身材的要诀。

我们野兔习惯单独活动，要想在丛林中生存就只能依靠奔跑来逃避危险。我们的前腿短，后腿长，更善于向高处奔跑。所以，有经验的长辈们经常告诫我："要记住，哈瑞，在遇到人类追捕时，一定要从低处往高处跑。"这是因为，向上奔跑的时候，人类更容易感到疲劳，而我们则可以恰恰利用身体的特征，把劣势转为优势，脱离险境。如果我们从高处向低处奔跑，后腿就会使不上力气，可能会接二连三地栽跟头，落入险境。

我们野兔家族的天敌很多，为了生存，我们想了很多办法来保护自己。中国有句俗语"兔子不吃窝边草"，其实不是我们不想吃"窝边草"，而是我们为了躲避其他动物的袭击，需要用草来掩护，让我们的家园不受侵犯。

hare